BEI GRIN MACHT SICH IHR WISSEN BEZAHLT

- Wir veröffentlichen Ihre Hausarbeit, Bachelor- und Masterarbeit

- Ihr eigenes eBook und Buch - weltweit in allen wichtigen Shops

- Verdienen Sie an jedem Verkauf

Jetzt bei www.GRIN.com hochladen und kostenlos publizieren

Laura Stöber

Forensische Chemie. Die Kunst der Analytik

GRIN Verlag

Forensische Chemie

Die Kunst der Analytik

Facharbeit / GK Chemie 12

Laura Stöber

Inhaltsverzeichnis

Vorwort

Diese Facharbeit behandelt das Thema der Forensik, die einen großen Einfluss auf die Kriminaltechnik und die Arbeit der Kriminalpolizei hat. Wie kann durch chemische Analytik ein Verbrechen aufgeklärt werden? Diese Fragestellung wird im Verlauf dieser Arbeit geklärt, da ich versucht habe, möglichst viele Bereiche der chemischen Forensik genauer zu beleuchten. Zunächst wird die Geschichte der Forensik betrachtet, schon früh konnten Verbrechen mithilfe der Analytik aufgeklärt werden. Anschließend widme ich mich dem Teilgebiet, der Toxikologie, die einen Großteil der chemischen Forensik ausmacht. Wie giftig können Stoffe sein und wovon kann dies abhängen? Ein weiterer wichtiger Teilbereich der forensischen Chemie ist die Daktyloskopie, die die heutige Aufklärung von Kapitalverbrechen erst möglich gemacht hat. Inwiefern können Fingerabdrücke chemisch nachgewiesen werden? Die gesammelten Erkenntnisse können nun auf berühmte Fälle der Kriminalgeschichte angewandt werden. Die Arbeit wird mit einer Vorstellung weiterer wichtiger Analysemethoden beendet.

Meine Entscheidung dieses Thema zu wählen, liegt in meinem allgemeinen Interesse für Analytik begründet. Chemie als Naturwissenschaft besitzt derart zahlreiche praktische Anwendungsmethoden, dass es schwer ist, sich für eine zu entscheiden. Die Analytik ist für mich eine der bedeutendsten Anwendungsbereiche, da sie sowohl für die Umwelt als auch für den Menschen eine Bedeutung besitzt. Die Forensik ist nur ein kleiner Teilbereich, der manchmal zu wenig beachtet wird. Aus diesem Grund versuche ich die Wichtigkeit dieses Arbeitsgebietes aufzeigen.

Ich möchte mich vor allem bei Herrn Kluyken für seine fachkompetente Mithilfe an dieser Arbeit bedanken. Sowohl bei der Beschaffung der Literatur und der Informationen als auch bei der praktischen Hilfe bei den Experimenten.

Zudem möchte ich mich bei Angelina Dieser für die hervorragende Ausarbeitung des Deckblattes bedanken.

Die Geschichte der forensischen Chemie

<u>Begriffserklärung:</u> Der Begriff stammt von lat. *„ forum"*: Marktplatz, öffentlicher Platz (Pl. Foren) . In der Antike, vor allem in Rom, wurden Gerichtsverfahren, Untersuchungen, Urteilssprüche und die daraus folgenden Strafen öffentlich auf dem Marktplatz untersucht. Heute versteht man unter Forensik verschiedene naturwissenschaftliche Arbeitsgebiete, die systematisch kriminelle Handlungen untersuchen, analysieren und rekonstruieren. [1]

Die forensische Wissenschaft ist unterteilt in die Teilgebiete:

- Medizin mit der Pathologie
- Biologie mit der Immunologie oder Serologie
- Physik mit der Ballistik
- Chemie mit der Toxikologie, Daktyloskopie und weiteren analytischen Nachweisen

Diese Arbeit wird sich vor allem auf die chemische Forensik und deren analytische Nachweismethoden konzentrieren. In der Praxis überschneiden sich mehrere Arbeitsgebiete der Naturwissenschaften. In Deutschland ist das BKA zuständig für alle forensischen Untersuchungen.[2]

<u>Die Anfänge der Forensik</u>:

Die heutigen Chancen ein Verbrechen mit forensischen Arbeitsergebnissen aufzuklären, sind sehr hoch. Doch in der Antike oder im Mittelalter waren Verbrechen an den Tagesordnungen und es gab kaum Möglichkeiten, den Täter zu finden und zu überführen. Schon in der Hochkultur der Ägypter, 3000 Jahre vor Christi Geburt, wusste man um die Wirkungen von Kräutern, Drogen und Antidoten. So manche unliebsame Person wurde mit Gift beseitigt. Das berühmteste Beispiel für eine Vergiftung ist wohl Sokrates, der 399 v. Chr. wegen angeblicher Gotteslästerung und Verderben der Jugend zum Tode verurteilt wurde. Das Tötungsmittel war der Schierlingsbecher, dessen Hauptbestandteil das Coniin($C_8H_{17}N$), das eine derart starke Toxizität besitzt, dass bereits 1g für einen Erwachsenen Menschen tödlich ist. Sokrates ist wahrscheinlich an der Lähmung der Atemwege gestorben, die durch die Coniinvergif-

---

[1] http://wirtschaftslexikon.gabler.de/Definition/forensik.html(28.12.2011)

[2] http://chids.online.uni-marburg.de/dachs/expvortr/649.pdf(23.12.2011)

tung ausgelöst wurde. Auch im Mittelalter waren Giftmorde beliebt, vor allem Arsen, das schon bald auch in den unteren sozialen Schichten Verwendung fand und daher auch „Erbschaftspulver" genannt wurde. Ein plötzliches Ableben wurde nicht direkt mit Mord in Verbindung gebracht, da die Pest, Grippewellen und andere Krankheiten vielen Menschen das Leben kostete. Die erste Obduktion, die jemals offiziell durchgeführt wurde, fand in Bologna 1302 statt. Erstaunlich für eine Zeit, in der der Katholizismus in Spanien die vorherrschende Religion war, die ein Streben gegen die „ göttliche Ordnung" mit allen Mitteln aufzuhalten versuchte. Als im 16. Jahrhundert Paracelsus systematisch die Gifte untersuchte, wurden auch härtere Strafen für Giftmischer im Gesetz verankert. Allein der Besitz von Giftstoffen war bereits strafbar und konnte lange Jahre in Gefängnissen nach sich ziehen. Doch es gab noch immer keine Möglichkeit, Gifte qualitativ und systematisch nachzuweisen.

Die „chemische Wende":

Im 19.Jahrhundert etablierten sich erste chemische Nachweismethoden, die durch den naturwissenschaftlichen Fortschritt begünstigt worden sind. 1814 gab Orfila das erste toxikologische Lehrbuch heraus, das schnell die Grundlage für systematische Untersuchungen wurde. Die Marshsche Probe, die 1836 vom Engländer James Marsh entwickelt worden ist, grenzt die Morde durch Arsen ein, da hier zum ersten Mal Arsen wirklich nachgewiesen werden konnte. Diese klassische Nachweisreaktion kann neben Arsen, auch Antimon und Germanium nachweisen. Arsentrioxid wird dabei von Wasserstoff zu Arsenwasserstoff reduziert. Durch die Hitze des Bunsenbrenners zerfällt diese unstabile Verbindung in schwarzes, elementares Arsen und Wasserstoff. An der heiß gewordenen Glaswand des Reagenzglases bildet sich ein typischer Arsenspiegel. Der entstehende Wasserstoff wird klassisch mit der Knallgasprobe nachgewiesen.[3] Die Marshsche Probe wird bis zum heutigen Tag in der Gerichtsmedizin gebraucht, um Arsenspuren in Leichenteilen nachzuweisen. Nach 1836 nahm die Zahl der Arsenvergiftungen ab. Der belgische Chemiker Stas schaffte es 1850 zum ersten Mal Alkaloide von körpereigenen Stoffen abzuspalten. Dieser Entdeckung folgte eine genauere Untersuchung der Alkaloide, deren Großteil hochgiftig ist. Diese Charakterisierung der Alkaloide erfolgte durch Geschmacks- und Geruchsproben, Kristalluntersuchungen und Schmelzpunktbestimmungen. Eine weitere wichtige Nachweisreaktion der Zeit der chemischen Wende ist die Mitscherlich Probe, die den hochgiftigen weißen Phosphor nachweist.

---

[3] Jander-Blasius(1979):Lehrbuch der analytischen und präparativen Chemie,11.Auflage,S.337

<u>*Experiment zur „chemischen" Wende – Die Mit-scherlich - Probe*</u>

Eigenschaften des elementaren weißen Phosphors:

Weißer Phosphor ist ein starkes Gift. Schon 0,1 g können, wenn sie in den Magen des Menschen gelangen, den Tod verursachen. Zuvor wird die Reizwirkung des Magens durch Übelkeit und Erbrechen sichtbar. Nach fünf bis zehn Tagen tritt der Tod, meist ausgelöst durch Leberschädigungen, blutiges Erbrechen und Blutungen an den Schleimhäuten, ein. Daher ist der Nachweis von weißem Phosphor in der Forensischen Chemie von Bedeutung. Wegen seiner großen Affinität zum Sauerstoff wirkt der weiße Phosphor als kräftiges Reduktionsmittel. Wegen der leichten Entzündbarkeit (Zimmertemperatur) darf Phosphor nur unter Wasser geschnitten werden, zumal brennender weißer Phosphor auf der Haut gefährliche Brandwunden verursacht. Aus Sicherheitsgründen sollte daher stets eine sehr verdünnte Kupfersulfatlösung vorbereitet werden, die zum einen den Phosphor als Kupferphosphid bindet und zum anderen als Brechmittel wirkt.[4]

Materialien:

- Bunsenbrenner
- 500 ml Dreihalskolben mit Schliff(NS 29)
- zwei Glasstopfen und Keck- Klemmen
- Siedesteine
- 50 cm Steigrohr
- Stativmaterial
- Schutzbrillen- und Handschuhe
- Löschsand

Verwendete Chemikalien:

- Weißer Phosphor (1/4 Erbsengroß)(R:17-26/28-35-50; S: (1/2)-5-26-38-45-61)
- 250 ml Wasser
- Gesättigte $CuSO_4$ – Lösung (Sicherheitsaspekt!)

Durchführung:

Ein 500 ml Kolben wird mit 250 ml Wasser gefüllt und fast bis zum Sieden erhitzt. Anschließend wird das kleine Stück weißer Phosphor in das Wasser gegeben. Der Kolben muss umgehend mit den Glasstopfen verschlossen werden. Das 50 cm hohe

---

4 Hollemann- Wiberg (1985): Lehrbuch der Anorganischen Chemie,91.-100. Auflage,S.624f

Steigrohr sollte auch umgehend aufgesetzt werden. Die Lösung wird weiter bis zum Sieden erhitzt. Der Versuch sollte unter dem Abzug durchgeführt werden. Um ein eindeutiges Ergebnis zu gewährleisten, muss der Raum abgedunkelt werden. Nach dem Versuch sollten die benutzten Gerätschaften für einen Tag in der Kupfersulfat-lösung liegen. Anschließend wird das Kupferphosphid abgefiltert und zu den Schwermetallabfällen gegeben.[5]

Beobachtung und Auswertung:

Der Phosphor wird durch den Wasserdampf ausgetrieben und reagiert mit dem Sauerstoff der Luft im Steigrohr, sodass ein bläulich/ weiß leuchtender Ring am oberen Ende des Steigrohres als kalte Phosphorflamme zu erkennen ist. So kann dieser Nachweis auch in der Gerichtsmedizin verwendet werden, indem Gehirnsubstanz oder Mageninhalte aufgekocht werden. Diese Reaktion ist ein typisches Beispiel für die Chemilumineszenz, die elektromagnetische Strahlung im Bereich des sichtbaren Lichts aussendet.

[6]*Hauptreaktion:*

$$P_4 + 5\,O_2 \leftrightharpoons P_4O_{10}$$

Bildung von Phosphorwasserstoff:

$$P_4 + 3\,OH^- + 3\,H_2O \leftrightharpoons PH_3 + 3\,PH_2O_2$$

Bildung der lichtemittierenden Teilchen:

$$2\,PH_3 + O_2 \leftrightharpoons H_2PO + H_2$$
$$2\,H_2PO + O_2 \rightarrow 2\,POH^* + H_2O_2$$
$$2\,POH + O_2 \rightarrow 2\,PO^* + H_2O_2$$

Lichtemittierende Prozesse:
$$2\,PO^* + O_2 \rightarrow 2\,PO_2 + h^*\nu \qquad \lambda = 460 - 600\,\text{nm}$$
$$2\,POH^* + O_2 \rightarrow 2\,PO_2H + h^*\nu \qquad \lambda = 350 - 450\,\text{nm}$$

Die Reaktion beruht auf der Oxidation des weißen Phosphors, bei dem der Phosphor spurenweise Dämpfe abgibt, die durch den Luftsauerstoff zunächst zu Schwefelwasserstoff und dann unter Abgabe von Licht zu Phosphoroxid oxidieren.

---

[5] http://illumina-chemie.de/mitscherlich-probe-t57.html(27.02.12)
[6] http://chids.online.uni-marburg.de/dachs/expvortr/649.pdf

Die Toxikologie – Eine Einführung

„Alle Ding` sind Gift und nichts ist ohn` Gift; allein die Dosis macht, dass ein Ding` kein Gift ist"   Theophrastus Bombastus von Hohenheim, genannt Paracelsus(1493-1541)

Wie Paracelsus schon vor Jahrhunderten richtig feststellte, macht allein die Dosis das Gift aus, da jeder Stoff bei Überdosierung einen giftigen Nebeneffekt besitzt.[7] Der Begriff setzt sich aus den griechischen Worten *„toxein"*(Gift) und *„logos"* (Lehre von) zusammen. Wie schon erwähnt worden ist, erfreuten sich Giftmorde einer großen Beliebtheit, da sie erst seit dem späten 19. Jahrhundert systematisch nachgewiesen werden konnten. Innerhalb der toxischen Stoffe unterscheidet man zwischen natürlichen (u.a. pflanzlichen) und anthropogenen (synthetischen) Giften. So sind Schwermetalle auch natürliche Gifte im Gegensatz zu Komplexverbindungen, die meist künstlich erzeugt worden sind. Giftmorde waren auch beliebt, da die Vergiftungssymptome (Erbrechen, Übelkeit, Magenkrämpfe, hohes Fieber etc.) meist einfachen Krankheitssymptomen glichen. Chronische Vergiftungen sind besonders unauffällig da keine äußeren Symptome zu erkennen sind und die Organe von innen zerstört werden. Die Exposition mit dem Gift kann auf verschiedene Arten erfolgen, z.B. oral (über den Mund, meist mit Nahrung), dermal (Berührung mit der Haut), inhalativ (über die Atemwege), subkutan (unter die Haut verabreicht) und intravenös (direkt in die Blutbahnen).[8] Die letale (LD) Dosis, die für ein Tier oder den Menschen tödlich ist, variieren je nach Stoff und Menge. Die häufig genannte Einheit LD_{50} bedeutet, dass bei 50% der Personen eine tödliche Wirkung eintritt. LD wird in mg (Gift) pro kg (Körpergewicht) angegeben. Da die Erkenntnisse über die Toxizität meist aus Tierversuchen stammen, können sie schwer auf den Menschen angewandt werden. Daher wurde die Einheit zusätzlich um LD_{LO} erweitert, das die niedrigste bekannte tödliche Dosis für den Menschen angibt. Ein Mensch mit 50 kg Körpergewicht müsste 50 g Natriumchlorid zu sich nehmen, um eine tödliche Dosis zu erfahren (1000 mg/kg). Im Gegensatz dazu reichen schon 0,14 g Zyankali (KCN) aus, um einen Menschen zu töten, da das Cyanid die Sauerstoffverteilung im Gehirn stoppt. Es kommt also zum Gehirntod. Der weiße Phosphor, der im ersten Experiment nachgewiesen wurde, besitzt einen LD Wert von 1,4 mg/ kg, d.h., eine Menge von ca. 50 mg wäre für einen Menschen bereits tödlich. Alle erwähnten Stoffe wurden oral aufgenommen, bei einer intravenösen Zunahme würde der Tod bei einer deutlich geringeren Dosis und deutlich schneller eintreten.

---

[7] http://www.uni-heidelberg.de/md/chemgeo/oci/lehre/vorlesung_hd_intro.pdf(07.01.12)

[8] http://www.seilnacht.com/Lexikon/Gifte.htm(14.01.12)

Der analytische Nachweis von Cyanid

Cyanid ist ein Salz der Blausäure (Cyanwasserstoff), das eine hohe Toxizität besitzt, weil selbst die Blausäure ein sehr starkes Gift ist. Seine tödliche Wirkung (LD) wird bei 1mg pro kg Körpergewicht erreicht. Die Folgen einer Cyanidvergiftung sind vor allem die Blockierung der Eisen (II)-cytochromoxidasen und des Hämoglobins. Dadurch wird der Sauerstofftransport unterbrochen, dass das Absterben der Zellen insbesondere der Gehirnzellen, hervorruft. Die vergiftete Person würde also entweder an innerer Erstickung oder am Hirntod sterben.[9]Die häufigste Form der Vergiftungsmöglichkeiten mit Cyanid ist in der Form des Zyankalis, also das Kaliumsalz der Blausäure, anzutreffen. Mit Zyankali brachten sich die meisten Verbrecher des Naziregimes um, damit sie den Kriegsgerichten der Alliierten entgehen konnten, so auch Joseph Goebbels samt Frau und Kindern. Industriell wird das Cyanid hauptsächlich als Schädlingsschutzmittel benutzt.

Material:

- Becherglas
- Uhrengläser
- Spatel
- Schutzbrillen
- Reagenzgläser
- Bunsenbrenner
- pH- Meter- oder Papier

Aus Vorsichtsmaßnahmen sollte unter dem Abzug gearbeitet werden.

Verwendete Chemikalien:

- Eventuell Natronlauge (NaOH)(0,1 mol/L)(R:35 ;S:26, 36/37/39, 45)[10]
- Cyanid- Lösung(R: 20/21/22 ;S: 36/37)[11]
- Eisen(II)- Salze ($FeSO_4$)(R:22 ;S:24/25)[12]
- Eisen(III)-Salze ($Fe(III)Cl_3$)(R: 41 ; S:26, 36/37/39)[13]
- Verdünnte Salzsäure (HCl)(R: 36/37/38; S 26)

---

[9] Eilers- Born, Birgit (1999): Schad- und Fremdstoffe in Haushalt und Umwelt(S.15)
[10] http://www.agnespockelslabor.de/download/nahrung/chemikalien-liste.pdf (23.03.12)
[11] http://www.carlroth.com/media/_de-de/sdpdf/2658.PDF (23.03.12)
[12] http://home.arcor.de/m.kothe/protokolle/synthesen/salz_fe.pdf (23.03.12)
[13] http://www.gischem.de/download/01_8-007705-08-0-000100_1_1_1.PDF (23.03.12)

Durchführung:

Die Cyanid- Probelösung wird mithilfe der Natronlauge auf einen pH- Wert von acht bis neun alkalisiert (falls die Lösung noch nicht den gewünschten pH- Wert besitzt). Anschließend wird das zuvor gelöste Eisen (II)- Salz ($FeSO_4$:1%) als Unterschuss in die alkalische Cyanid-Lösung gegeben. Unter einer fächelnden Flamme wird die Mischung bis zur Trocknung eingedampft. Das Arbeiten unter dem Abzug ist Pflicht, da dort giftige Cyaniddämpfe entweichen können. Der Rückstand der Trocknung wird in der verdünnten Salzsäure gelöst. Die entstandene klare Lösung wird mit verdünnter Eisen (III) chloridlösung versetzt. Wenn ein Cyanid anwesend ist, färbt sich die Lösung mit dem typischen Pigment des *Berliner Blau* tiefblau oder färbt sich grün mit einem blauen Niederschlag.[14]

Auswertung:

In der alkalischen Cyanid- Lösung bildet sich aus den Eisen(II)- Salzen ein komplexes Eisen(II)-Cyanid. Der entstandene und äußerst stabile Komplex wird Hexacyanoferrat(II)-Komplex oder in der Alltagssprache auch gelbes Blutlaugensalz genannt, wenn zusätzlich die erforderlichen Kaliumkationen vorhanden sind.

$$6\ CN^- + Fe(OH)_2 \longrightarrow [Fe(CN)_6]^{4-} + 2\ OH^-$$

Der Hexacyanoferrat(II)-Komplex reagiert in Anwesenheit von Eisen(III)- Ionen zu blauem Eisen(III)hexacyanoferrat(II).[15]

$$[Fe\ (CN)_6]^{4-} + 4\ Fe^{3+} \longrightarrow [Fe_4(CN)_6]_3$$

Das entstandene *Berliner Blau* ist gegenüber schwachen Säuren stabil, da es ein geringes Löslichkeitsprodukt besitzt, sodass keine Cyanid- Ionen freigesetzt werden und somit auch keine Blausäure entsteht. Durch Laugen wird dieser Komplex angegriffen, sodass ein neuer Komplex entsteht.

Das gelbe Blutlaugensalz($K_4[Fe(CN)_6]$)bildet in der Anwesenheit von Eisen(III)-Ionen, wie gesehen, das *Berliner Blau*. Das rote Blutlaugensalz($K_3[Fe(CN)_6]$), das ähnlich wie das andere Blutlaugensalz hergestellt wird, bildet in Anwesenheit von Eisen(II)- Ionen ebenfalls das *Berliner Blau* als Farbpigment aus. Beide Reaktionsprodukte sind weitgehend identisch, weil ein Gleichgewicht besteht. Das gelbe und rote Blutlaugensalz

---

[14] Jander-Blasius (1979): Lehrbuch der anorganischen und präparativen Chemie, 11. Auflage, S.218-220
[15] http://de.wikibooks.org/wiki/Praktikum_Anorganische_Chemie/_Cyanid(17.03.12)

sind eine wichtige Grundlage der chemischen Analytik, da man durch sie nicht nur Cyanid- und Eisenionen nachweisen kann, sondern auch weitere Stoffe.

Daktyloskopie -Nachweis von Fingerabdrücken

Die Daktyloskopie ist die wichtigste Technik, die zu Beginn der Kriminalistik eingesetzt worden ist. Der Fingerabdruck eines jeden Menschen ist einzigartig (bis zum heutigen Kenntnisstand) und ist ein genetisches Merkmal, das die Menschen bereits vor Millionen Jahren von den Tieren unterschied. Die feinen Strukturen (Papillarleisten) auf unseren Fingerspitzen bilden sich bereits im dritten Monat im Mutterleib aus und verändern sich nicht im Laufe des Lebens. Die Tatsache, dass Fingerabdrücke weder vererbbar noch zu verändern sind, war und ist ein großer Vorteil für die Kriminalistik. Selbst John Dillinger, Staatsfeind Nr. 1, versuchte seine Fingerabdrücke mit Narben unkenntlich zu machen, doch es hat ihm bekanntlich nicht viel genützt. Trotz der Einzigartigkeit des Fingerabdrucks lassen sich Grundmuster und Merkmale systematisch klassifizieren und für die Kriminalistik einsetzen. So unterscheiden sich beispielsweise Schleifen, Wirbel und Bogenmuster voneinander. Fingerabdrücke werden erst als Beweis vor Gericht zugelassen, wenn mindestens acht Minutien (anatomische Merkmale) übereinstimmen.

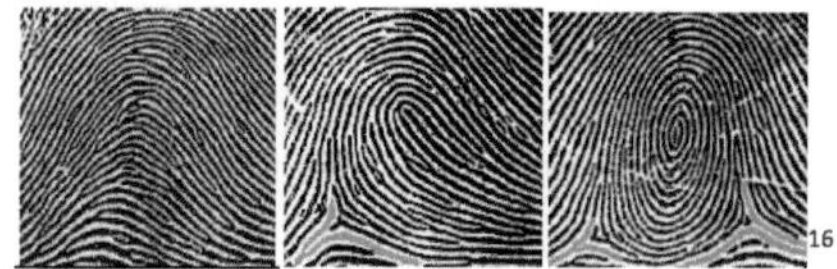

Bogenmuster (5%), Schleifenmuster(60%) , Wirbelmuster(35%)

1892 wurde in Argentinien zum ersten Mal ein Kriminalfall mithilfe von Fingerabdrücken aufgeklärt. Zuvor hatte William Henschel, ein Beamter der Zivilverwaltung der indischen Provinz Bengalen, die Einführung von Fingerabdrücken auf offiziellen Dokumenten eingeführt, da viele Einheimische sich unter falschem Namen Zahlungen Englands erschlichen. Der Fall in Argentinien begann mit dem brutalen Mord an zwei Kindern. Erst nach Einschaltung des Hauptquartiers, indem ein gewisser Juan Vucetich mitarbeitete, konnte der Fall gelöst werden, denn man fand einen blutigen Daumenabdruck am Türrahmen. Dieser Daumenabdruck war mit dem der Mutter identisch, sodass sie gestand, ihre Kinder ermordet zu haben, um für ei-

---

[16] http://chids.online.uni-marburg.de/dachs/expvortr/649.pdf(07.01.12)

nen neuen Mann frei zu sein. Vuctetichs Vorbild war Edward Henry, dessen System sich ab 1901 bei Scotland Yard durchsetzte.[17]

Klassischer chemischer Nachweis von Fingerabdrücken

Material:

Papier mit nachzuweisenden Fingerabdrücken
* 100 ml Sprühflasche mit Gummigebläse
* Föhn
* UV- Lampe

Verwendete Chemikalien:

* ($AgNO_3$) Silbernitrat (R-Sätze: 35; S-Sätze: 26-36/37/39-45)[18]
* (CH_3OH) Methanol (R-Sätze:11,23/24/25-39;S-Sätze:7-16-36/37-45)[19]

Durchführung:

1g Silbernitrat ($AgNo_3$) wird in 50 ml Methanol (CH_4O) gelöst, die entstandene Lösung wird in die Sprühflasche umgefüllt. Das Papier wird mit dieser Lösung besprüht und mit dem Föhn getrocknet. Nach dem Trocknen wird das Papier mit der UV- Lampe (Wellenlänge: 366 nm) bestrahlt. Nach einiger Zeit werden mögliche Fingerabdrücke sichtbar.

Auswertung:

Diese Nachweismethode ist nur möglich, da der menschliche Körper über die Haut chemische Stoffe absondert. So können die Aminosäuren, die der Körper absondert mithilfe von Chlorid- Ionen, die der Körper ebenfalls abgibt, nachgewiesen werden. Die entscheidenden Ionen der Silbernitrat- Lösung sind die Silberionen, die das Chlorid und somit auch die Aminosäuren der Haut nachweisen.

---

[17] Voss-de Haan, Patrick (2009):Physik auf der Spur-Kriminaltechnik heute,S.25-27
[18] http://www.uni-muenster.de/imperia/md/content/physikalische_chemie/praktikum/silbernitrat.pdf(04.02.12)
[19] http://www.chempage.de/lexi/leximethanol.htm(04.02.12)

$$Ag^+_{(aq)} + Cl^-_{(aq)} \leftrightharpoons AgCl_{(s)} + 2H_2O$$

$$2AgCl_{(aq)} \leftrightharpoons 2Ag_{(s)} + Cl_2 \quad \textbf{ppm = 366}$$

Berichte von berühmten Kriminalfällen

Giftmorde waren schon immer beliebt, um „störende" Personen zu beseitigen. Heute ist ein Giftmord leicht nachzuweisen, da die Entwicklung der chemischen und physikalischen Analytik sehr weit fortgeschritten ist. Der perfekte Giftmord ist in der Gegenwart nicht mehr umzusetzen, doch im 17. -18. Jahrhundert waren die Gifte nicht nachzuweisen, es konnten nur Vermutungen unternommen werden. Bis heute ist der typische Giftmischer weiblich, da der Einsatz von Giften keine physische Kraft erfordert. Marie - Madeleine Marguerite d'Aubray, Marquise de Brinvilliers war die bekannteste Giftmörderin der Kriminalgeschichte. Am 17. Juli 1776 wurde sie wegen Mordes an ihrem Vater, ihren Brüdern und ihrer Schwester auf dem Scheiterhaufen verbrannt. Die Marquise ging eine Affäre mit Godin de Sainte-Croix ein, die bis zu seinem Tod anhalten sollte. Sainte-Croix interessierte sich für Alchemie und Chemie und lernte in seiner Haft einen Mann kennen, der ihn von einer chemischen Verbindung berichtete (vermutlich eine Arsenik Verbindung), die zu dieser Zeit nicht nachgewiesen werden konnte. Um an das gewaltige Erbe ihrer Familie zu gelangen, vergiftete die Marquise ihren Vater mit dieser Arsenverbindung, die sie ihm über Monate unter sein Essen mischte, sodass sich eine chronische Vergiftung einstellte. Nachdem der Vater gestorben war, wurden auch ihre beiden Brüder und ihre Schwester getötet. Das Gift konnte tatsächlich nicht nachgewiesen werden, dennoch wurden die Brüder obduziert und es wurden Schädigungen an der Leber und am Magen erkannt. Daher gingen die Mediziner von einem Giftmord aus. Die Marquise wurde aber nur durch einen Zufall erwischt. Ihr Komplize hatte vergessen, die Beweismittel zu beseitigen. Der erste dokumentierte Kriminalfall, der mithilfe der Toxikologie aufgeklärt worden ist, geschah 1752 in der kleinen englischen Stadt Henley-on-Thames. Mary Blandy wurde wegen des Mordes an ihren Vater angeklagt. Sie hatte ihm ein Pulver unter das Essen gemischt, wovon sie behauptete, es sei für die Stimmungsverbesserung ihres Vaters gewesen. Die Organe des Toten wurden nach den Resten dieses Pulvers untersucht. Es handelte sich um Arsen, das schon bei kleinen Mengen zum Tode führen kann. Die Analysen der Ärzte waren wissenschaftlich nicht derartig ausgefeilt, dass sie vor heutigen Gerichten bestanden hätten. Einer von ihnen erhitze das Pulver einfach mit Eisen und roch an den Dämpfen, was nicht sehr empfehlenswert

ist, da schon die Dämpfe hochgiftig sind.[20]Mary Blandy wurde zum Tode verurteilt und hingerichtet. So ist dieser Fall nur ein kleiner Schritt in der Naturwissenschaft, aber ein großer in der Kriminaltechnik.

Weitere wichtige analytische Nachweismethoden

Neben den klassischen chemischen Nachweismetoden, existieren noch zahlreiche technische Nachweise, die dennoch auf chemischer und physikalischer Grundlage arbeiten.

Chromatografie (speziell Dünnschichtchromatografie):

Die Chromatografie bezeichnet physikalische Trennverfahren, bei denen die Stofftrennung auf der unterschiedlichen Verteilung zwischen einer stationären und einer mobilen Phase beruht, die nicht miteinander mischbar sind. Chromatografische Verfahren dienen der qualitativen und quantitativen Analyse. Bei der Dünnschichtchromatografie erfolgt die Trennung durch mehrstufige Verteilungsprozesse. Das zu analysierende Stoffgemisch wird von einer mobilen Phase (Lösungsmittel) aufgenommen und zu einer stationären Phase transportiert. Dieses Prinzip basiert auf der Wechselwirkung der Adsorption-Desorption. Bei der Adsorption reichern sich die Stoffe an den Grenzflächen der festen Phasen an, bei der Absorption wird der Stoff auf der gesamten stationären Phase verteilt. Im Ergebnis der Trennung erhält man auf der Dünnschichtplatte ein Chromatogramm mit mehreren Substanzflecken.

Massenspektroskopie:

Die Massenspektroskopie ist ein wichtiger Teilbereich der Strukturanalyse, die die räumliche Anordnung von Atomen und Ionen in chemischen Verbindungen untersucht. Auf diese Weise erhält man Informationen zur geometrischen Form von Molekülen, sowie den darin vorliegenden Bindungsverhältnisse.[21] Das Prinzip der Massenspektroskopie basiert auf der Verdampfung und Ionisierung von Molekülverbindungen im Hochvakuum. Anschließend werden Bruchstücke der Molekül- Ionen erzeugt und im Magnetfeld aufgetrennt. Aus den Fragmentierungsmustern lassen sich Rückschlüsse zur Struktur annehmen. Die Informationen, die die Massenspektroskopie hervorbringt, sind die Bestimmung der molaren Masse von Molekülverbindungen. Dadurch kann auch die Anzahl der Kohlenstoffatome pro Molekül berechnet werden.

---

[20] Voss-de Haan, Patrick (2009):Physik auf der Spur-Kriminaltechnik heute,S.11
[21] Abiturwissen Chemie, hrsg. Kemnitz Erhard, Simon Rüdiger, DUDEN;S446

Die Anzahl der Kohlenstoffatome gibt Hinweise auf das Strukturelement wie die charakteristische Anzahl in Aromaten, Halogenatomen, Alkaloide und auch andere organische Moleküle. Die Massenspektroskopie wird auch in der Forensik häufig gebraucht, um Giftstoffe auf Materialien oder Leichenteilen zu bestimmen.

Literaturverzeichnis

Bücherquellen:

- Hollemann- Wiberg (1985): Lehrbuch der Anorganischen Chemie,91-100. Auflage,S.624f;1142f
- Voss-de Haan, Patrick (2009):Physik auf der Spur-Kriminaltechnik heute,S.11;S.19-56
- Jander-Blasius (1979): Lehrbuch der analytischen und präparativen Chemie,11. Auflage,S.201-203; 218-220;337;342
- Köthe, Dr. Rainer (2003): Kriminalistik, Tessloff Verlag , S.15-26;33-35
- Vohr, Hans –Werner 2010): Grundlagen der Toxikologie ,S.1f
- Eilers- Born, Birgit (1999): Schad- und Fremdstoffe in Haushalt und Umwelt, S.14-16
- Abiturwissen Chemie (2007), hrsg. Kemnitz Erhard, Simon Rüdiger,2.Auflage, DUDEN;S.438ff

Internetquellen:

- http://chids.online.uni-marburg.de/dachs/expvortr/649.pdf(23.12.2011)
- http://wirtschaftslexikon.gabler.de/Definition/forensik.html(28.12.2011)
- http://www.ofd-hanno-ver.de/BGWS/BGWSDocs/Downloads/Bod_GW/Tox_Fibel.pdf(01.01.2012)
- http://www.uni-heidelberg.de/md/chemgeo/oci/lehre/vorlesung_hd_intro.pdf(07.01.12)
- http://www.seilnacht.com/Lexikon/Gifte.htm (14.01.12)
- http://www.thunemann.de/science/chemie/analy_1/einzelnachweise.htm(28.01.12)
- http://www.unimuenster.de/imperia/md/content/physikalische_chemie/praktikum/silbernitrat.pdf(04.02.12)
- http://www.dr-bernhard-peter.de/Apotheke/Gifte/Coniin.htm(04.02.12)
- http://illumina-chemie.de/mitscherlich-probe-t57.html (24.03.12)
- http://de.wikipedia.org/wiki/Marie-Madeleine_de_Brinvilliers(04.03.12)
- http://www.1911encyclopedia.org/Marie_Madeleine_Marguerite_Brinvilliers (04.03.12)
- http://de.wikibooks.org/wiki/Praktikum_Anorganische_Chemie/_Cyanid(17.03.12)
- http://www.carlroth.com/media/_de-de/sdpdf/2658.PDF (23.03.12)
- http://home.arcor.de/m.kothe/protokolle/synthesen/salz_fe.pdf (23.03.12)
  http://www.gischem.de/download/01_8-007705-08-0-000100_1_1_1.PDF (23.03.12)